La guía de Rourke para los símbolos de los estados

The Rourke Guide to State Symbols

Árboles

TREES

Jason Cooper

Traducido por Blanca Rey

Rourke

Publishing LLC

Vero Beach, Florida 32964

ARTWORK AND PHOTO CREDITS:
All artwork by Jim Spence; cover photo © Lynn M. Stone

EDITORIAL SERVICES:
Versal Editorial Group
www.versalgroup.com

Library of Congress Cataloging-in-Publication Data

Cooper, Jason, 1942 -
    Trees / Jason Cooper.
        p. cm. — (La guía de Rourke para los símbolos de los estados)
    Includes index.
    Summary: Presents a description of and background information about the trees that have been chosen to represent the fifty states.
    ISBN 1-58952-399-7
    1. State trees—United States—Juvenile literature. [1. State trees. 2. Trees.
3. Emblems, State.]
I. Title II. Series: Cooper, Jason, 1942 - The Rourke guide to state symbols.
QK85.CD667   1997
582.16' 0973—dc21   97–16927
                                                        CIP
                                                        AC

Printed in the USA

Contenido/Contents

Introducción

Los árboles de Norteamérica son una parte importante de nuestro paisaje y de nuestra vida. Nos brindan belleza, sombra y rincones silenciosos.

Los árboles también nos proporcionan la madera que usamos de innumerables maneras, desde hacer pisos y puertas hasta papel y contrachapado. De la savia obtenemos jarabe de arce y trementina.

Los árboles enriquecen y retienen la tierra, mientras mantienen barro y deshechos fuera de los lagos y ríos, y nos proveen de aire fresco. Los animales también dependen de los árboles para sus nidos, perchas, escondites y alimentos.

De las 650 especies o tipos de árboles de Norteamérica, cada uno de los 50 estados elige uno (en algunos casos dos) como su árbol estatal. Algunas de las razones para elegir un árbol son su importancia económica o histórica, su valor científico o incluso el número de niños que votaron por él.

Muchos estados adoptaron el mismo árbol. Los robles, arces y álamos son populares, pero el más popular es el arce de azúcar, elegido por cuatro estados.

Los árboles estatales (38 en total) son una mezcla de árboles coníferos y caducifolios. Incluyen al más longevo (el pino erizo de Nevada), al más alto (la secuoya de la costa de California) y al más grueso (el árbol mamut de California) del mundo. Los árboles estatales también incluyen al cerezo silvestre, la magnolia y al árbol de Judas, algunos de los árboles más vistosos del mundo.

Hay árboles estatales que son, plantados para embellecer jardines, parques y calles. Otros crecen silvestres en pantanos y bosques oscuros, a lo largo de arroyos de praderas, en desiertos y en las laderas de montañas. Hay cientos de parques urbanos, municipales, estatales y nacionales que ayudan a proteger nuestros parques para el deleite de todos.

Concientízate de tu herencia natural: conoce tu árbol estatal y sus 37 compañeros.

Introduction

North America's trees are an important part of our landscapes and our lives. Trees give us beauty and shade and quiet getaways.

Trees give us timber, too, and we use it in countless ways, from decks and doors to paper and plywood. From tree sap we make maple syrup and turpentine.

Trees enrich and hold the soil, keeping dirt and debris out of lakes and rivers, and they furnish fresh air. Wildlife also depends upon trees for nesting places, perches, hideouts and food.

Of the 650 species, or kinds, of trees in America, each of the 50 states honors one kind—in some cases two—as its state tree. Some reasons for choosing a tree include its importance to the state's history or economy, its scientific value, or the number of children voting for it.

Many states adopted the same tree as other states. Oaks, maples, and cottonwoods are popular, but the most popular is the sugar maple, chosen by four states.

The state trees (just 38 in all) are a mix of cone-bearing (conifer) trees and leaf-shedding (deciduous) trees. They include the oldest (Nevada's bristlecone pine), tallest (California's coast redwood), and thickest (California's giant sequoia) trees in the world. State trees also include the dogwood, magnolia, and redbud —some of the showiest trees on Earth.

Some state trees are planted to add beauty to yards, parks, and streets. Others grow wild in swamps and dark forests, along prairie streams, and on deserts and mountain slopes. Hundreds of city, county, state, and national parks help protect our forests for everyone's enjoyment.

Be aware of your natural heritage: Meet your state tree and its 37 companions.

PINO DE MONTAÑA
PINO AMARILLO

LONGLEAF PINE
SOUTHERN PINE

Nombre científico/Scientific Name: Pinus palustris
Año adoptado como árbol estatal/Year Made State Tree: 1949

El alto y majestuoso pino de montaña o pino amarillo, es un árbol conocido en los bosques de Alabama.

Las hojas de pinos se llaman "agujas" por su forma. Las agujas, algunas veces de 12 pulgadas (31 centímetros) de largo, son más largas que las de la mayoría de los pinos. El pino de montaña además tiene piñas largas y puntiagudas de hasta 10 pulgadas (25 centímetros) de punta a punta.

Los pinos de montaña embellecen la campiña de Alabama, pero también son importantes árboles maderables. La savia resinosa de estos árboles se usa para obtener brea y trementina.

Este árbol también es el símbolo de Carolina del Norte, pág. 42.

The tall, stately longleaf, or southern, pine is a familiar tree in Alabama forests.

The leaves of pines are usually called "needles" because of their shape. The needles of longleaf pines, sometimes 12 inches (31 centimeters) in length, are longer than those of most pines. The longleaf also has long, spiky cones, up to 10 inches (25 centimeters) from tip to tip.

Longleaf pines add beauty to the Alabama countryside, but they're important timber trees, too. Their sappy resin is used for tar and turpentine.

This tree is also the symbol of North Carolina, p. 42.

ALASKA

PÍCEA DE SITKA

SITKA SPRUCE

Nombre científico/Scientific Name: Picea sitchensis
Año adoptado como árbol estatal/Year Made State Tree: 1962

El árbol de Alaska es uno de los más comunes en el estado más grande de la nación. Es también uno de los árboles más grandes de Alaska. Los más altos de esos longevos árboles de hojas perennes alcanzan alturas de más de 200 pies (61 metros).

Como los pinos, las píceas son coníferas, es decir, que producen piñas. Los árboles de pícea tienen agujas mucho más cortas que las de los pinos.

Las píceas de Sitka se hallan en una angosta franja costera que va desde el sureste de Alaska hasta el norte de California. Necesitan clima templado y mucha lluvia y neblina.

La madera liviana y resistente de la pícea de Sitka tiene muchos usos, entre ellos el contrachapado.

Alaska's state tree is one of the most common trees in the nation's largest state. It is also one of the most massive trees in Alaska. The tallest of these long-lived evergreens stand more than 200 feet (61 meters) tall.

Like pines, spruce trees are conifers. They bear cones. Spruce trees have much shorter needles than pines.

Sitka spruces are found in a narrow, coastal band from southeast Alaska to northern California. They need mild temperatures and plenty of rain and fog.

The strong, lightweight wood of the Sitka spruce has many uses, including plywood.

ARIZONA

PALOVERDE AMARILLO
PALOVERDE AZUL

YELLOW PALOVERDE
BLUE PALOVERDE

Nombre científico/Scientific Name: Cercidium microphyllum
Año adoptado como árbol estatal/Year Made State Tree: 1901

Los paloverdes de Arizona son arbustos del desierto y de las llanuras. Las especies amarillas y azules, cuyos nombres vienen del color de su corteza, comparten el honor de ser el árbol estatal.

Los paloverdes pertenecen a la familia de las leguminosas. Cada especie produce flores amarillas en la primavera. El paloverde azul, el más grande de los dos, llega a crecer hasta 30 pies (9 metros).

Ambas especies son comunes en el desierto Sonora de Arizona, donde crecen al lado de lechos secos, llamados deslaves, y en terreno más alto, hasta 4,000 pies (más de 1,200 metros).

Arizona's paloverdes are shrubs of the deserts and lowlands. The yellow and blue species, named for the tint of their bark, share the honor of state tree.

Paloverdes belong to the pea family. Each species produces yellow blossoms in the spring. The blue paloverde, larger of the two, grows to 30 feet (9 meters).

Both species are common in Arizona's Sonoran Desert, where they grow along dry stream beds, called washes, and onto higher ground, up to 4,000 feet (over 1,200 meters).

PINO DE HOJA CORTA
PINO AMARILLO

SHORT LEAF PINE
YELLOW PINE

Nombre científico/Scientific Name: Pinus echinata
Año adoptado como árbol estatal/Year Made State Tree: 1939

Los altos y rectos troncos del pino de hoja corta son comunes en Arkansas.

Este pino es un valioso árbol maderable en Arkansas y en otras partes. Su madera es dura y resistente, pero fácil de trabajar. Se tala en los bosques de Arkansas para usar en pisos, contrachapado, pulpa para papel y en la elaboración de trementina (aguarrás).

El pino de hoja corta está bien distribuido en el sureste. Además de ser un apreciado árbol maderable, las semillas de sus piñas son alimento para pájaros y pequeños mamíferos.

Crece hasta 115 pies (35 metros) de altura. Algunas arboledas se pueden hallar hasta 600 pies (180 metros) por encima del nivel del mar.

The tall, straight trunks of shortleaf, or yellow, pines are common sights in Arkansas.

This pine is a valuable timber tree in Arkansas and elsewhere. Its wood is hard and strong, but easily worked. It's cut from Arkansas forests for use as flooring, plywood, pulpwood, and the manufacture of turpentine.

The shortleaf pine is widespread in the Southeast. In addition to being a prized timber tree, its seed cones are eaten by birds and small mammals.

The shortleaf grows to be 115 feet (35 meters) tall. Some groves of this evergreen can be found up to 600 feet (over 180 meters) above sea level.

SECUOYA DE LA COSTA
ÁRBOL MAMUT

COAST REDWOOD
GIANT SEQUOIA

Nombre científico/Scientific Name: Sequoia sempervirens/ Sequoiadendron giganteum
Año adoptado como árbol estatal/Year Made State Tree: 1937

Los californianos tuvieron una difícil elección. En vez de elegir a una de sus milenarias secuoyas, simplemente le concedieron el honor a ambas, a la secuoya de la costa (pág. 11) y al árbol mamut.

Las secuoyas de la costa son los árboles más altos del mundo. Alcanzan los 350 pies (107 metros) de altura y crecen en arboledas a lo largo de la costa norte. Los árboles mamut, que aman las montañas, tienen troncos de 30 pies (9 metros) de ancho y se encuentran sólo en la Sierra Nevada del centro de California. Algunos árboles mamut tienen 3,500 años de edad, mientras que las secuoyas de la costa son mucho más jóvenes: tienen cerca de 2,000 años.

Californians had a hard choice. Rather than choose one of their ancient redwoods, they simply honored both the coast redwood (shown above) and the giant sequoia.

Coast redwoods, the world's tallest trees at 350 feet (107 meters), grow in groves along the northern coast. The mountain-loving sequoias, with trunks 30 feet (9 meters) across, are found only in the Sierra Nevadas in central California. Some sequoias are 3,500 years old, while the coast redwoods are much younger —about 2,000 years old.

ABETO AZUL
(ABETO AZUL DE COLORADO)

BLUE SPRUCE
(COLORADO BLUE SPRUCE)

Nombre científico/Scientific Name: Picea pungens
Año adoptado como árbol estatal/Year Made State Tree: 1939

El hermoso abeto azul es uno de los gigantescos "árboles de Navidad" de las montañas Rocosas. Se encuentra en elevaciones de hasta 11,000 pies (unos 3,350 metros).

Los abetos azules adultos tienen una altura de 65 a 115 pies (20 a 35 metros). Generalmente muestran una forma piramidal perfecta.

Aunque el abeto azul es originario del oeste, se ha plantado ampliamente en el este como árbol ornamental.

The beautiful blue spruce is one of the giant "Christmas trees" of the Rocky Mountains. It's found at elevations up to 11,000 feet (about 3,350 meters).

Adult blue spruces are 65 to 115 feet (20 to 35 meters) tall. They often show nearly a perfect pyramid shape.

Although the blue spruce is a native of the West, it has been widely planted as an ornamental tree in the East.

ROBLE BLANCO   WHITE OAK

Nombre científico/Scientific Name: Quercus alba
Año adoptado como árbol estatal/Year Made State Tree: 1947

En Connecticut, el roble blanco es más que un árbol estatal: ¡es historia! Cuando en 1687, el rey inglés amenazó con retirar la carta de privilegios que le concedía amplias libertades a Connecticut, los colonos escondieron la carta en el tronco hueco de un roble blanco. El término "Charter Oak" (Roble de la carta de privilegios) aún es bien conocido en Connecticut.

Aparte de la historia, el roble blanco es un árbol impresionante. Puede llegar a alcanzar 115 pies (35 metros). Suele ser más ancho que alto.

El roble blanco se encuentra por todo el este de Norteamérica.

Este árbol también es el símbolo de Illinois, pág. 19; y Maryland, pág. 26.

In Connecticut, the white oak is more than a state tree; it's history! When the British king threatened in 1687 to take away a charter that promised Connecticut broad freedoms, settlers hid the charter in the hollow trunk of a white oak. The term "Charter Oak" is still well known throughout Connecticut.

History aside, the white oak is an impressive tree. It can stand up to 115 feet (35 meters) tall. It's usually broader than it is tall.

The white oak lives throughout eastern North America.

This tree is also the symbol of Illinois, p. 19; and Maryland, p. 26.

ACEBO AMERICANO   AMERICAN HOLLY

Nombre científico/Scientific Name: Ilex opaca
Año adoptado como árbol estatal/Year Made State Tree: 1939

Las bayas rojas y las verdes hojas puntiagudas del acebo americano, el árbol estatal de Delaware, lo han hecho uno de los árboles favoritos de la nación.

El acebo americano crece silvestre en gran parte del sureste, pero es más conocido como árbol ornamental. De hecho, los arboricultores han desarrollado más de 300 variedades de acebo. Las ramas de acebo son frecuentemente utilizadas como decoración durante la Navidad.

El vistoso acebo silvestre crece hasta una altura de 50 pies (15 metros). Tiene una copa de forma piramidal. Produce una cosecha de bayas que a las aves cantoras les encantan.

The red berries and pointed green leaves of the American holly, Delaware's state tree, have made it one of the nation's favorite trees.

The American holly grows wild in much of the Southeast, but it's best known as an ornamental. In fact, tree cultivators have developed over 300 varieties of the holly. Holly boughs are widely used for decoration during the Christmas season.

The attractive wild holly grows to be 50 feet (15 meters) tall. It has a pyramid-shaped crown. It produces a crop of berries that songbirds love.

PALMERA DE LA COL
(PALMERA SABAL)

CABBAGE PALM
(SABAL PALM)

Nombre científico/Scientific Name: Sabal palmetto
Año adoptado como árbol estatal/Year Made State Tree: 1953

Los habitantes de Florida están acostumbrados a ver palmeras. Muchos tipos de palmeras son ornamentales. El árbol estatal de Florida, la palmera de la col o sabal, es la única palmera silvestre que es común en el estado.

Es un árbol alto y esbelto con una copa de hojas planas en forma de abanico. ¡Cada hoja puede alcanzar una longitud de 8 pies (2 a 3 metros)!

En Florida, al brote del árbol se le llama "swamp cabbage" (col de pantano). Se cocina y se come, especialmente durante los festivales que se efectúan en las zonas rurales del estado.

Este árbol también es el símbolo de Carolina del Sur, pág. 49.

Floridians are used to seeing palm trees. Many kinds of palm trees are ornamentals. Florida's state tree, the cabbage, or sabal, palm is the only common wild palm in the state.

The cabbage palm is a tall, slender tree with a crown of flat, fanlike leaves. Each leaf may be as long as 8 feet (2 to 3 meters)!

The bud of the tree is called "swamp cabbage" in Florida. It's cooked and eaten, especially during the swamp cabbage festivals held throughout the state's rural areas.

This tree is also the symbol of South Carolina, p. 49.

ROBLE DE VIRGINIA   LIVE OAK

Nombre científico/Scientific Name: Quercus virginiana
Año adoptado como árbol estatal/Year Made State Tree: 1937

El gran roble de Virginia es un árbol favorito en Georgia y en toda la llanura costera, desde Virginia hasta Texas. El roble de Virginia puede llegar a medir 66 pies (20 metros), con un follaje de más del doble o triple de ancho.

Árbol caducifolio, el roble deja caer sus pequeñas hojas ovaladas después de que las nuevas hayan crecido, así que el árbol está "vivo" todo el año.

Muchos tipos de plantas colgantes, como el musgo español, se aferran a las ramas de los robles de Virginia. A los animales les encanta su gran cantidad de bellotas.

The grand live oak is a favorite tree in Georgia and throughout the Coastal Plain, from Virginia to Texas. The live oak may stand 66 feet (20 meters) tall, with boughs spreading two or even three times wider.

A deciduous tree, the live oak drops its small oval leaves after new ones have grown in, so the tree is "alive" all year.

Several types of air plants, such as Spanish moss, cling to the limbs of live oaks. Animals love their heavy crop of acorns.

KUKUI/CANDLENUT

Nombre científico/Scientific Name: Aleurites moluccana
Año adoptado como árbol estatal/Year Made State Tree: 1959

El árbol kukui de Hawai, o candlenut, es parte de la historia cultural de Hawai. Las nueces del kukui eran trituradas por su aceite. El aceite se utilizaba en lámparas, de ahí el nombre "candlenut" (nuez de vela). Aún se utilizan las nueces como combustible y en la elaboración de barnices.

Las flores blancas y verdosas se han usado tradicionalmente en los collares hawaianos llamados *leis*.

El kukui con sus largas ramas frondosas y hojas de verde claro, crece sobre las laderas de las montañas. Alcanza alturas de 60 pies (18 metros). Es popular como árbol de ornato por sus flores y su sombra.

KUKUI/CANDLENUT

Hawaii's kukui, or candlenut, tree is part of the history of Hawaiian culture. The nuts of the kukui—pronounced KOO kooee—were once ground for their oil. The oil was burned in stove lamps, thus the name "candlenut." The nuts are still used to some extent for fuel and in varnishes.

The kukui's greenish-white flowers traditionally have been used in the Hawaiian necklaces called leis.

Kukui with its long, spreading branches and light green leaves, grows wild on mountain slopes. It reaches heights of 60 feet (18 meters). It's popular as an ornamental tree for its blossoms and shade.

PINO BLANCO DEL OESTE   ## WESTERN WHITE PINE

Nombre científico/Scientific Name: Pinus monticola
Año adoptado como árbol estatal/Year Made State Tree: 1935

Aun en Idaho, un estado de árboles altos y bosques densos y tupidos, el pino blanco del oeste se destaca entre los demás. El árbol estatal de Idaho tiene un tronco alto y una copa piramidal. Puede alcanzar alturas de 175 pies (53 metros).

El pino blanco del oeste se encuentra por todo el noroeste, pero es más común en Idaho. El árbol prolifera en las laderas abruptas y llega a crecer a más de 10,000 pies (más de 3,000 metros) de altura. Las compañías madereras prefieren este árbol por su madera suave y liviana.

Estrechamente emparentado, el pino blanco del este es el árbol estatal de Maine, pág. 25; y de Michigan, pág. 28.

Even in Idaho, a state of towering trees and dark, dense forests, the western white pine stands out. Idaho's state tree has a tall trunk and a pyramid-shaped crown. The tree can stand 175 feet (53 meters) tall.

The western white pine is found throughout the Northwest, but it is most common in Idaho. The tree thrives on the rugged slopes, growing at elevations well above 10,000 feet (over 3,000 meters). Timber companies like this tree for its soft, lightweight wood.

The closely related eastern white pine is the state tree of Maine, p. 25; and Michigan, p. 28.

ROBLE BLANCO

WHITE OAK

Nombre científico/Scientific Name: Quercus alba
Año adoptado como árbol estatal/Year Made State Tree: 1973

Durante años, Illinois consideraba todos sus robles como árbol estatal. Cuando se hubo de elegir a uno solo, en 1973, eligió al alto roble blanco.

La madera del roble blanco es de un color claro, pero no tienen nada de "blanco" su corteza o sus hojas.

Como todos los robles, produce bellotas. Las bellotas son un alimento valioso para los animales silvestres de Illinois, como los mapaches, el venado de cola blanca, las ardillas y los pavos silvestres.

Este árbol también es el símbolo de Connecticut, pág. 13; y Maryland, pág. 26.

For years, Illinois regarded all of its oaks as the state tree. When it narrowed the field to one, in 1973, it chose the towering white oak.

The wood of the white oak is light colored, but there is nothing "white" about the tree's bark or leaves.

Like all oaks, the white produces acorns. Acorns are valuable food for such wild animals as raccoons, white-tailed deer, squirrels, and wild turkeys in Illinois.

This is also the state tree of Connecticut, p. 13; and Maryland, p. 26.

ÁRBOL TULIPERO
(ÁLAMO AMARILLO)

TULIP TREE
(YELLOW POPLAR)

Nombre científico/Scientific Name: Liriodendron tulipifera
Año adoptado como árbol estatal/Year Made State Tree: 1931

La palabra "tulipán" describe acertadamente a este árbol de notables flores primaverales. Cada flor parece un gigantesco tulipán de color amarillo anaranjado posado sobre las ramas.

El árbol estatal de Indiana es tan vistoso que es ampliamente cultivado como árbol de ornato. También es valioso por su madera dura y ligera.

Los árboles más altos alcanzan 165 pies (50 metros). Crecen en el valle del río Ohio y en la región del sur de los montes Apalaches.

Este árbol también es el símbolo de Tennessee, pág. 51.

The word "tulip" accurately describes this tree with the remarkable springtime blossoms. Each flower looks like a giant, cream-colored tulip—on a branch.

Indiana's state tree is showy enough to be widely planted as an ornamental. It's also valuable for its hard, lightweight wood.

The largest tulip trees reach 165 feet (50 meters). They grow in the Ohio River Valley and southern Appalachian Mountains.

This tree is also the symbol of Tennessee, p. 51.

ROBLE · OAK

Nombre científico/Scientific Name: Quercus family/Famila Quercus
Año adoptado como árbol estatal/Year Made State Tree: 1961

Casi todas las arboledas, cultivos arbóreos y sotos en Iowa tienen su dotación de robles. Estos resistentes árboles con su cosecha anual de bellotas son los árboles endémicos más conocidos del estado.

Iowa tiene más campo abierto que bosques, así que los robles —en todas sus variedades— son atesorados. Y cualquier roble es un árbol estatal en Iowa.

Los robles también son el símbolo de Connecticut, pág. 13; Georgia, pág. 16; Illinois, pág. 19; Maryland, pág. 26; y Nueva Jersey, pág. 36.

Almost every forest grove, woodlot, and fencerow in Iowa has its share of oaks. These sturdy trees with their annual crop of acorns are the most familiar native trees in the state.

Iowa has far more field space than forests, so its oaks —all kinds— are prized. And any oak is a state tree in Iowa.

Oaks are also symbols of Connecticut, p. 13; Georgia, p. 16; Illinois, p. 19; Maryland, p. 26; and New Jersey, p. 36.

ÁLAMO NEGRO
(ÁRBOL DE ALGODÓN)

EASTERN COTTONWOOD

Nombre científico/Scientific Name: Populus deltoides
Año adoptado como árbol estatal/Year Made State Tree: 1937

Los pioneros notaron que en Kansas los árboles eran escasos. El pastizal constituía casi todo el paisaje. Los álamos negros se aferraban a las orillas de los ríos y de arroyos en las praderas. Estos álamos, de hojas anchas y amantes de la humedad, daban una sombra agradable. Los colonizadores trasplantaron muchos álamos a sus asentamientos en las praderas.

Se llama "árbol de algodón" debido a las semillas, no a su madera. Las semillas tienen largos hilos blancos. Cuando las vainas abren, las semillas se van flotando, como miles de "paracaídas" minúsculos.

Este árbol también es el símbolo de Nebraska, pág. 33; y Wyoming, pág. 60.

Pioneers in Kansas found that trees were quite rare. Grasslands made up most of the landscape. Eastern cottonwood trees clung to the banks of the prairie rivers and streams. The broad-leaved, moisture-loving cottonwoods provided welcome shade. Early settlers transplanted many cottonwoods to their homesteads on the prairie.

The cottonwood is named for its seeds, rather than its wood. The seeds have long white threads. When the tree's seedpods open, the seeds drift away, filling the air with thousands of tiny "parachutes".

This tree is also the symbol of Nebraska, p. 33; and Wyoming, p. 60.

ÁRBOL DE CAFÉ DE KENTUCKY

KENTUCKY COFFEE TREE

Nombre científico/Scientific Name: Gymnocladus dioicus
Año adoptado como árbol estatal/Year Made State Tree: 1976

El árbol estatal de Kentucky, el árbol de café, no produce granos de café. Los colonizadores de Kentucky, sin embargo, alguna vez utilizaron los granos para hacer una bebida parecida. El árbol de café de Kentucky tampoco es un árbol exclusivo de Kentucky. Se encuentra en casi todo el este de Norteamérica.

Estos árboles se pueden identificar por sus enormes hojas. ¡Algunas miden casi una yarda (90 centímetros) de largo! El árbol puede llegar a medir 100 pies (30 metros) de altura.

Su madera se usa para hacer postes, durmientes de vías férreas y para la construcción en general.

Kentucky's state tree, the Kentucky coffee tree, doesn't produce coffee beans. Kentucky settlers, however, once used the seeds of this tree to make a drink like coffee. The Kentucky coffee tree isn't just a Kentucky tree either. It's found in much of eastern North America.

Kentucky coffee trees can be identified by their huge leaves. Some are nearly a yard (90 centimeters) long! The tree may stand 100 feet (30 meters) tall.

Its wood is used for posts, railroad ties, and general construction.

CIPRÉS CALVO   BALD CYPRESS

Nombre científico/Scientific Name: Taxodium distichum
Año adoptado como árbol estatal/Year Made State Tree: 1963

El ciprés calvo, con su tronco grueso y su forma de botella, es uno de los más impresionantes árboles de América. Es un residente muy conocido en los pantanos del sur.

Lo más llamativo del ciprés calvo es su capacidad de extender "rodillas" desde sus raíces. Las rodillas son protuberancias leñosas que se elevan alrededor del árbol principal.

La madera del ciprés calvo es dura y resistente al agua y a los insectos. Muchos de los más grandes y antiguos bosques de cipreses calvos han perdido sus mejores árboles en los aserraderos.

Los cipreses calvos son coníferas, pero también son caducifolios. El ciprés calvo pierde sus suaves agujas (hojas) cada otoño.

The bald cypress, with its massive trunk and bottle shape, is one of the most impressive of all American trees. It's a well-known resident of southern swamps.

The most striking feature of the bald cypress is its ability to send up "knees" from its roots. The knees are knobby growths that stand up around the parent tree.

The wood of the bald cypress is tough and resistant to water and insects. Many of the largest and oldest bald cypress forests have lost their greatest trees to loggers.

Bald cypresses are conifers, but they are also deciduous. The bald cypress sheds its soft needles (leaves) each fall.

MAINE

PINO BLANCO DEL ESTE   EASTERN WHITE PINE

Nombre científico/Scientific Name: Pinus strobus
Año adoptado como árbol estatal/Year Made State Tree: 1945

El pino blanco del este está tan próximo al corazón de la gente de Maine como la langosta. El pino blanco del este aparece en el emblema oficial del estado. La borla formada por la rama y la piña del árbol representan la "flor estatal". No sorprende que Maine se autodenomine "El estado del pino".

En este estado de densos bosques, el pino blanco es una pieza clave en la inmensa industria maderera.

En la época colonial, los troncos altos y rectos del pino blanco se utilizaron como mástil para naves.

Este árbol también es el símbolo de Michigan, pág. 28.

The eastern white pine is as dear to the hearts of Mainers as lobster. The eastern white pine appears on the official state seal. The tree's cone and tassel are Maine's state "flower." Not surprisingly, Maine calls itself the Pine Tree State.

In this heavily forested state, the white pine is the centerpiece of the state's huge timber industry.

In colonial days, the tall, straight trunks of the white pine were used for masts of ships.

This tree is also the symbol of Michigan, p. 28.

ROBLE BLANCO

WHITE OAK

Nombre científico/Scientific Name: Quercus alba
Año adoptado como árbol estatal/Year Made State Tree: 1941

El roble blanco, un árbol noble y fuerte, es uno de las maderas duras más importantes del este de Norteamérica. Se extiende desde el sur de Canadá hasta el norte de Florida.

El roble de hoja ancha crece generalmente en llanuras. En el sur de los montes Apalaches, sin embargo, el roble blanco crece en elevaciones de hasta 5,000 pies (más de 1,500 metros).

El parque estatal Wye Oak, en Wye Mills, Maryland, tiene un roble blanco de más de 400 años de edad y 100 pies (30 metros) de altura.

Este árbol también es el símbolo de Connecticut, pág. 13; e Illinois, pág. 19.

The white oak, a strong, noble tree, is one of the most important hardwoods in eastern North America. It is found from southern Canada into northern Florida.

The broad-leafed white oak generally grows in lowlands. In the southern Appalachians, however, the white oak grows at elevations up to 5,000 feet (over 1,500 meters).

Wye Oak State Park at Wye Mills, Maryland, displays a 400-year old white oak that stands over 100 feet (30 meters) tall.

This tree is also the symbol of Connecticut, p. 13; and Illinois, p. 19.

OLMO AMERICANO

AMERICAN ELM

Nombre científico/Scientific Name: Ulmus americana
Año adoptado como árbol estatal/Year Made State Tree: 1941

El olmo americano crece por toda la parte este de EE.UU. En Massachusetts, tiene un lugar especial en la historia.

Antes de la Revolución Americana (1775-1783), un majestuoso olmo en Boston, conocido como el Liberty Tree (Árbol de la Libertad), se convirtió en el lugar de reunión de los colonos inconformes con el dominio inglés. Tiempo después, los soldados ingleses lo talaron para hacer leña.

Ahora la enfermedad de la grafiosis ha destruido casi todos los árboles adultos de Massachusetts y de otras zonas del país.

Este árbol también es el símbolo de Dakota del Norte, pág. 43.

The American elm grows across the whole eastern half of the U.S. In Massachusetts, it has a special place in history.

Before the American Revolution (1775-1783), a mighty elm in Boston, known as the Liberty Tree, became the meeting place for colonists unhappy with England's rule. Later, British soldiers chopped it into firewood.

Now, Dutch elm disease has destroyed almost all of the mature elms in Massachusetts and elsewhere.

This tree is also the symbol of North Dakota, p. 43.

PINO BLANCO DEL ESTE

EASTERN WHITE PINE

Nombre científico/Scientific Name: Pinus strobus
Año adoptado como árbol estatal/Year Made State Tree: 1955

El árbol estatal de Michigan es apreciado por su belleza y por su valiosa madera.

El pino blanco del este está ampliamente distribuido por Norteamérica, y también se encuentra en partes de México y Guatemala.

Los pinos blancos del este son los coníferos más altos de Michigan y del noreste. Este árbol puede alcanzar 230 pies (70 metros) de altura, pero la mayoría de las arboledas originales se talaron en los siglos XVIII y XIX.

Este árbol también es el símbolo de Maine, pág. 25.

Michigan's state tree is prized for its beauty and valuable timber.

The eastern white pine is widespread in eastern North America, and it's also found in parts of Mexico and Guatemala.

Eastern white pines are the tallest conifers in Michigan and the Northeast. The tree can reach 230 feet (70 meters), but most of the original stands of these trees were cut for logs in the 1700's and 1800's.

This tree is also the symbol of Maine, p. 25.

PINO ROJO AMERICANO
(PINO NORUEGO)

RED PINE
(NORWAY PINE)

Nombre científico/Scientific Name: Pinus resinosa
Año adoptado como árbol estatal/Year Made State Tree: 1953

El pino rojo, o noruego, es un árbol nativo de Minnesota y hacia el este de los estados del norte. Puede que haya recibido el apodo de pino noruego por recordarles a los pioneros los pinos de su antiguo hogar.

El pino rojo es importante para la industria maderera de Minnesota; también se planta como un árbol ornamental. Los animales que consumen semillas, como las ardillas rojas, se alimentan de sus piñas pequeñas y tersas.

El pino rojo crece hasta 100 pies (30 metros) de altura. Las ramas de los árboles adultos se hallan sólo en el tercio superior del tronco.

The red, or Norway, pine is a native tree in Minnesota and eastward across the northern states. It may have been nicknamed Norway pine by pioneers who were reminded of pines in their homeland.

The red pine is important to Minnesota's timber industry, and it's also planted as an ornamental. Seed-eating animals, such as red squirrels, feed on its small smooth cones.

The red pine grows to 100 feet (30 meters) tall. The branches on mature trees are gathered on just the upper third of the trunk.

MISSISSIPPI

MAGNOLIO DEL SUR   SOUTHERN MAGNOLIA

Nombre científico/Scientific Name: Magnolia grandiflora
Año adoptado como árbol estatal/Year Made State Tree: 1938

El magnolio del sur, el árbol estatal de Mississippi, es un árbol conocido en los llanos costeros de los estados del sur. Pocos árboles son más impresionantes que un magnolio con sus vistosas flores blancas y sus largas hojas ovaladas. El magnolio, plantado como un árbol ornamental, casi parece artificial.

Los pétalos de las magnolias miden de 3 a 5 pulgadas (8 a 12 centímetros). Las oscuras hojas enceradas miden de 3 a 8 pulgadas (8 a 20 centímetros).

La madera del magnolio es de uso limitado, pero el árbol es atesorado por su belleza. Mississippi tiene a este árbol en tan gran estima que su flor es la flor estatal.

The southern magnolia, Mississippi's state tree, is a familiar tree along the coastal plain states of the South. Few trees are more impressive than a magnolia with its showy white blossoms and long oval leaves. The magnolia, planted as an ornamental, almost looks artificial.

The flower petals on magnolias are 3 to 5 inches (8 to 12 centimeters) long. The waxy dark green leaves are 3 to 8 inches (8 to 20 centimeters) long.

Magnolia wood has limited use, but the tree is prized for its beauty. Mississippi holds the tree in such high regard that its blossoms are the state flower.

CEREZO SILVESTRE   FLOWERING DOGWOOD

Nombre científico/Scientific Name: Cornus florida
Año adoptado como árbol estatal/Year Made State Tree: 1955

Cuando los bosques primaverales de Missouri se hallan aún sin hojas, el cerezo silvestre florece. Sus blanquecinas flores alegran los bosques y las laderas a lo largo de los ríos de la región de Ozark. En el otoño, las hojas escarlatas son como velas entre las apagadas hojas de los robles y nogales americanos.

Los cerezos silvestres son árboles esbeltos y frondosos. Producen bayas rojas que les sirven de alimento a las ardillas, a los mapaches y a varios tipos de aves cantoras.

Este árbol también es el símbolo de Virginia, pág. 56.

When Missouri's spring woodlands are still leafless, the flowering dogwood blooms. Its creamy blossoms brighten woodlands and the slopes along rushing Ozark rivers. In fall, the dogwood's scarlet leaves are like candles among the muted leaves of oaks and hickories.

Dogwoods are slender, spreading trees. They produce clusters of red berries that are food for squirrels, raccoons, and several kinds of songbirds.

This tree is also the symbol of Virginia, p. 56.

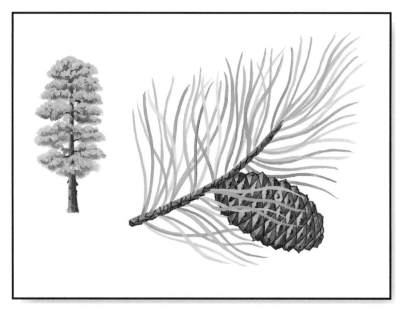

PINO PONDEROSO

PONDEROSA PINE

Nombre científico/Scientific Name: Pinus ponderosa
Año adoptado como árbol estatal/Year Made State Tree: 1949

El pino ponderoso es un alto pino común del oeste. De hecho, el pino ponderoso está más esparcido que cualquier otro pino en el oeste de Norteamérica.

La gente de Montana ama al pino ponderoso por su augusta belleza. La mayoría de los pinos ponderosos miden de 60 a 130 pies (18 a 40 metros) de altura, pero los más grandes llegan a 200 pies (61 metros). Estos grandes árboles llegan a tener 500 años.

La corteza del pino ponderoso tiene color anaranjado, y se desprende a "gajos". Los árboles son importantes para la industria maderera de Montana y de otros estados del oeste.

The ponderosa pine is a tall common pine of the West. In fact, the ponderosa is spread over more of western North America than any other pine.

Montanans love the ponderosa for its stately beauty. Most ponderosas are 60 to 130 feet (18 to 40 meters) tall, but the biggest of them approach 200 feet (61 meters). These big trees are up to 500 years old.

Ponderosas have an orange tint to their bark, which breaks off in "shingles". These trees are important to the timber industry in Montana and other western states.

ÁLAMO NEGRO
(ÁRBOL DE ALGODÓN)

EASTERN COTTONWOOD

Nombre científico/Scientific Name: Populus deltoides
Año adoptado como árbol estatal/Year Made State Tree: 1972

El álamo negro era un favorito de los pioneros de Nebraska, como lo fue también para los pioneros de otros estados de la pradera.

Este árbol es conocido por sus semillas algodonosas, pero también es fácilmente identificado por sus anchas hojas triangulares y su corteza lustrosa.

El álamo negro es común a lo largo de las vías fluviales de Nebraska. Se convirtió en el árbol estatal después de que otro favorito, el olmo americano, fue casi aniquilado por la enfermedad de la grafiosis.

Este árbol también es el símbolo de Kansas, pág. 22; y Wyoming, pág. 60.

The eastern cottonwood was a favorite of Nebraska pioneers, just as it was with pioneers in other prairie states.

The tree is best known for its cottony seeds, but it can be easily recognized, too, by its broad, triangle-shaped leaves and shiny bark.

The cottonwood is common along Nebraska watercourses. It became the state tree after another favorite, the American elm, was nearly wiped out by Dutch elm disease.

This tree is also the symbol of Kansas, p. 22; and Wyoming, p. 60.

PINO PIÑONERO Y PINO ERIZO

SINGLE-LEAF PINYON AND BRISTLECONE PINE

Nombre científico/Scientific Name: Pinus monophylla/Pinus longaeva
Año adoptado como árbol estatal/Year Made State Tree: 1953, 1987

Nevada honra a dos inusuales pinos como sus árboles estatales. Uno de ellos, el pino erizo (arriba), es probablemente el árbol más viejo del mundo. ¡Puede vivir hasta 5,000 años!

El pino erizo tiene el tronco y las ramas torcidas. Se encuentra en partes de Nevada, Utah y en el este de California sobre las laderas de las montañas, a alturas de hasta 11,000 pies (unos 3,400 metros).

El piñonero es un pino bajo y extendido. Crece en zonas montañosas secas de hasta 7,800 pies (más de 2,350 metros) de altura. Los pioneros de Nevada usaban las semillas del piñonero como alimento y la madera para las galerías de las minas.

Nevada honors two unusual pines as its state trees. One, the bristlecone, (above), is probably the world's oldest living tree. Bristlecones may live to be 5,000 years old!

Bristlecones have twisted trunks and branches. They're found in parts of Nevada, Utah, and eastern California on mountain slopes up to 11,000 feet (about 3,400 meters).

The single-leaf pinyon is a low, spreading pine. It grows in dry mountainous areas up to 7,800 feet (over 2,350 meters). Nevada pioneers used the pinyon's seeds for food and the wood for mine shafts.

ABEDUL BLANCO

WHITE BIRCH
(PAPER BIRCH)

Nombre científico/Scientific Name: Betula papyrifera
Año adoptado como árbol estatal/Year Made State Flower: 1947

El abedul blanco, el árbol estatal de New Hampshire, es conocido por su corteza blanca. Se desprende como el papel y los nativos americanos la utilizaron para canoas. Sin embargo, desprenderla puede matar al árbol.

El abedul blanco, un árbol caducifolio, deja caer sus amarillas hojas otoñales en octubre. Suele compartir el bosque con árboles de hojas verdes y otros caducifolios, aunque en New Hampshire existen unas arboledas exclusivamente de abedul.

El abedul blanco se halla desde Alaska hasta el noreste de Canadá y a lo largo de varios estados del norte. La madera se usa para pulpa de papel, combustible y como chapa.

The tall, slender white birch, New Hampshire's state tree, is well known for its papery white bark. The bark peels quite easily, and Native Americans once built canoes of white birch bark. Peeling bark from the tree, however, can kill it.

White birch, a deciduous tree, drops its yellow autumn leaves in October. The tree usually shares the forest with evergreens and other deciduous trees, though a few pure stands of white birch grow in New Hampshire.

White birch is found from Alaska east into northeast Canada and across several northern states. The wood is used for pulp, fuel, and wood veneer.

NEW JERSEY

**ROBLE ROJO
DEL NORTE**

**NORTHERN
RED OAK**

Nombre científico/Scientific Name: Quercus rubra
Año adoptado como árbol estatal/Year Made State Tree: 1950

El árbol estatal de Nueva Jersey, el roble rojo del norte, es apreciado por su sombra y su madera. Este árbol grande y ancho, que tiene hasta 90 pies (27 metros), brinda bastante sombra y bellotas. La cosecha de bellotas es bien recibida por los insectos y por animales como las ardillas, el venado de cola blanca y los pavos silvestres.

Los robles rojos se tornan castaños en el otoño, no rojos. En primavera las nuevas hojas — hojuelas— son rojizas, como la madera.

New Jersey's state tree, the northern red oak, is a favorite for shade and lumber. This big, wide tree, which can stand 90 feet (27 meters) tall, supplies plenty of shade—and acorns. The acorn crop is welcomed by insects and many larger animals, such as squirrels, white-tailed deer, and wild turkeys.

Red oak leaves turn brownish in the fall, not red. New leaves —leaflets — each spring are reddish, as is the lumber.

PINO PIÑONERO
PINÓN

PINYON
NUT PINE

Nombre científico/Scientific Name: Pinus edulis
Año de adopción estatal/Year Made State Tree: 1949

El árbol de Nuevo México, el piñonero, es un árbol resistente. Este pequeño pino rara vez crece más de 35 pies (11 metros), pero que crezca es en sí una maravilla. El piñón ama el suelo seco y rocoso de las laderas montañosas de hasta 7,800 pies (más de 2,350 metros).

El piñón produce semillas parecidas a una nuez. Antiguamente eran importantes en la dieta de los navajo del Suroeste. Algunas personas todavía recolectan las semillas y queman troncos de piñón.

The state tree of New Mexico, the pinyon, or nut pine, is a rugged tree. This small pine rarely grows to heights more than 35 feet (11 meters), but it's a wonder that it grows at all. The pinyon loves dry, rocky land and mountain slopes to 7,800 feet (more than 2,350 meters).

The pinyon produces nutlike seeds. They were formerly important in the diet of Navajo people in the Southwest. Some people still collect the seeds and burn pinyon logs.

ARCE DE AZÚCAR  SUGAR MAPLE

Nombre científico/Scientific Name: Acer saccharum
Año adoptado como árbol estatal/Year Made State Tree: 1956

El arce de azúcar es un árbol caducifolio de Norteamérica impresionantemente bello. Cuatro estados —Nueva York, Vermont (pág. 55), West Virginia (pág. 58) y Wisconsin (pág. 59)— lo han elegido como su árbol estatal.

Su copa frondosa y redondeada proyecta su sombra en el verano. En el otoño, las hojas se tornan de un brillante amarillo o rojo, según la ubicación del árbol.

The sugar maple is a strikingly beautiful deciduous tree of eastern North America. Four states —New York, Vermont (p. 54), West Virginia (p. 58), and Wisconsin (p. 59)— have chosen it for their state tree.

The broad, rounded crown of the sugar maple casts summer shade. In autumn, the leaves turn bright yellow or red, depending upon the tree's location.

PINO DE MONTAÑA
PINO AMARILLO

LONGLEAF PINE
SOUTHERN PINE

Nombre científico/Scientific Name: Pinus palustris
Año adoptado como árbol estatal/Year Made State Tree: 1963

Carolina del Norte eligió al pino de montaña como su árbol estatal porque es bien conocido en el estado y muy importante. El pino de montaña produce una madera resistente, dura y de larga duración para la industria maderera. Los pinos de montaña son verdaderos árboles sureños que crecen a lo largo de la llanura costera desde el sur de West Virginia hasta Florida, y hacia el oeste hasta Texas.

Este pino alto y resistente al fuego puede crecer hasta alcanzar alturas de 130 pies (39 metros) de altura.

Este árbol también es el símbolo de Alabama (pág. 6).

North Carolina chose the longleaf pine for its state tree because it is well-known in the state and very important. The longleaf produces strong, hard, long-lasting wood for the timber industry. Longleaf pines are true trees of the South. They grow along the coastal plain from West Virginia south to Florida and west to Texas.

These tall, fire-resistant pines can grow to heights of 130 feet (39 meters).

This tree is also the symbol of Alabama (p. 6).

OLMO AMERICANO

AMERICAN ELM

Nombre científico/Scientific Name: Ulmus americana
Año adoptado como árbol estatal/Year Made State Tree: 1941

Los olmos de Dakota del Norte están muy dispersos como en todos los estados de la región. Así, a estos olmos le ha ido mucho mejor que a los olmos del este. Sin embargo, la enfermedad de la grafiosis, un hongo transmitido por escarabajos taladradores de corteza, ha causado bajas entre los árboles de Dakota del Norte.

Desde 1930, la enfermedad se diseminó rápidamente de este a oeste, dejando esqueletos inertes y grises donde una vez se irguieron robustos olmos. Recientemente, los científicos han producido dos variedades de olmos americanos que son resistentes a la grafiosis.

Esta árbol tambíen es el símbolo de Massachusettes, pág. 27.

North Dakota's American elms are scattered, as they are throughout the Plains States. Therefore, these elms have fared much better than the elm trees in the East. Nevertheless, Dutch elm disease, a fungus spread by bark beetles, has taken a toll on the North Dakota trees.

Starting in 1930, the disease moved rapidly from east to west, leaving gray, lifeless skeletons where sturdy elms once stood. Recently, scientists produced two varieties of American elm that resist Dutch elm disease.

This tree is also the symbol of Massachusettes, p. 27.

BUCKEYE (FALSO CASTAÑO)   BUCKEYE

Nombre científico/Scientific Name: Aesculus glabra
Año adoptado como árbol estatal/Year Made State Tree: 1953

Los árboles buckeye se encuentran en gran parte del centro este de Estados Unidos. En la mayoría de los casos no llaman mucho la atención. Sin embargo, en Ohio no solo son el árbol del estado, también son el símbolo estatal. Ohio es el estado del Buckeye, y los equipos atléticos de la Universidad Estatal de Ohio se llaman los Buckeyes.

Este árbol suele medir de 30 a 50 pies (9 a 15 metros) de alto. Se viste con ramilletes de flores de un verde amarillento en la primavera, que se convierten en cápsulas correosas de semillas.

En algunos lugares, el buckeye se conoce como el buckeye "apestoso". Las hojas, ramas y corteza expiden un fuerte olor si se trituran.

Buckeye trees are found in much of the east central United States. In most places they don't draw much attention. In Ohio, however, they're not only the state tree, they are also the state symbol. Ohio is the Buckeye State, and Ohio State University's athletic teams are called Buckeyes.

This tree is commonly 30 to 50 feet (9 to 15 meters) tall. It wears clusters of greenish-yellow flowers in spring that develop into leathery seed capsules.

In some places the buckeye is known as the "stinking" buckeye. The tree's leaves, twigs, and bark have a strong odor if they're crushed.

ÁRBOL DE JUDAS

EASTERN REDBUD

Nombre científico/Scientific Name: Cercis canadensis
Año adoptado como árbol estatal/Year Made State Tree: 1937

El árbol estatal de Oklahoma, el árbol de Judas, anuncia la primavera con sus flores rosadas. El árbol de Judas alegra los parques y jardines en toda la mitad este de Oklahoma y la región este y central de Estados Unidos.

El árbol de Judas es pequeño y tiene una vida corta. Rara vez crece más de 25 pies (7 1/2 metros) de altura. Tiene esbeltas ramas frondosas y una corteza oscura y lisa que contrasta con sus pequeñas flores rosadas.

El árbol de Judas es una leguminosa, de la familia de plantas que incluye a los guisantes o chícharros. Los paloverdes (Arizona) y el árbol de café de Kentucky también son leguminosas.

Oklahoma's state tree, the eastern redbud "announces" spring with pink blossoms. Throughout the eastern half of Oklahoma and elsewhere over its range in the central and eastern United States, the redbud brightens woodlands, parks, and yards.

Redbud is a small, short-lived tree. It rarely grows over 25 feet (7 1/2 meters) tall. It has slender, spreading branches and dark, smooth bark that contrasts with its tiny pink flowers.

Redbud is a legume, the family of plants that includes peas. The paloverdes (Arizona) and Kentucky coffee tree are also legumes.

ABETO DE DOUGLAS

DOUGLAS FIR

Nombre científico/Scientific Name: Pseudotsuga menziesii
Año adoptado como árbol estatal/Year Made State Tree: 1939

El abeto de Douglas, el árbol estatal de Oregón, es uno de los más valiosos de los EE.UU. por su madera ligera que no se pandea.

Grandes abetos de Douglas, de 200 pies (61 metros) —y aún de 300 pies (91 metros) de altura— crecen en bosques mixtos junto a otras coníferas del oeste, pero también en arboledas puras. Sólo el árbol mamut y la secuoya de California son más grandes.

Oregón, el principal estado maderero, cuenta entre sus maravillas naturales con bosques de abetos de Douglas de más de 1,000 años de antigüedad.

Oregon's state tree, the Douglas fir, is one of the most valuable trees in the U.S. for its lightweight, warp-free lumber.

Big Doug firs 200 feet (61 meters) tall —even 300 feet (91 meters) tall— grow in mixed forests with other Western conifers and also in mostly pure stands. Only California's redwoods and sequoias are larger.

Oregon, the leading timber state, counts forests of 1,000-year-old "Doug" firs among its natural wonders.

FALSO ABETO DE CANADÁ

EASTERN HEMLOCK

Nombre científico/Scientific Name: Tsuga canadensis
Año adoptado como árbol estatal/Year Made State Tree: 1931

El árbol estatal de Pennsylvania, el falso abeto de Canadá, es un conífero, pero no tiene agujas filosas como los pinos y abetos del norte, sino más bien agujas suaves y chatas.

Es un árbol bastante grande, que se eleva hasta 80 pies (24 metros). El falso abeto de Canadá se mezcla con el pino blanco, el abedul amarillo y el abeto del norte, pero también se encuentra en densas arboledas por sí solo. Un falso abeto puede vivir 1,000 años, y deja sobre el lecho del bosque una gruesa alfombra de color óxido debido a sus agujas en descomposición.

Pennsylvania's state tree, the eastern hemlock, is a conifer, but it doesn't have sharp needles like pines and spruces. Instead, eastern hemlock has soft, flattened needles.

Hemlock is a fairly large tree, standing up to 80 feet (24 meters). Hemlock mixes with such trees as white pine, yellow birch, and spruce, but it also occurs in dense stands by itself. A hemlock can live for 1,000 years, leaving on the forest floor a thick, rust-colored carpet of decaying needles.

ARCE ROJO

RED MAPLE

Nombre científico/Scientific Name: Acer rubrum
Año adoptado como árbol estatal/Year Made State Tree: 1964

El árbol estatal de Rhode Island puede vivir en casi cualquier lugar donde logre echar raíces. A diferencia de la mayoría de los árboles, el arce rojo se adapta tanto a pantanos al nivel del mar como a cañadas y cerros de casi una milla (más de 1,600 metros) de altitud. Los habitantes de Rhode Island usan los coloridos arces rojos como árboles ornamentales. Silvestre o plantado, es un árbol común en todo el este de Estados Unidos.

En primavera, sus hojas son rojizas. Las anchas hojas adultas se tornan de un brillante rojo en otoño.

La madera del arce rojo no es tan dura como la del arce de azúcar, pero es valiosa para la fabricación de muebles, pisos y armarios.

Rhode Island's state tree can live almost anywhere it can send down roots. Unlike most trees, the red maple is at home in sea-level swamps, in ravines, and on mountain ridges nearly a mile (over 1,600 meters) high. Rhode Islanders use the colorful red maple as an ornamental. It's a common tree, wild and planted, throughout the eastern United States.

The red maple's spring leafs are reddish. The wide, mature leaves turn bright red in autumn.

The red maple's wood is not as hard as sugar maple, but it's valuable for furniture, flooring, and cabinets.

PALMERA DE LA COL
(PALMERA SABAL)

CABBAGE PALM
(SABAL PALM)

Nombre científico/Scientific Name: Sabal palmetto
Año adoptado como árbol estatal/Year Made State Tree: 1939

La alta y elegante palmera de la col es familiar para los que viven en las costas arboladas de Carolina del Sur. La palma de la col resiste el aire salado y prospera tanto al sol como a la sombra. Puede crecer por igual tanto en bosques como en jardines.

La palmera de la col crece más al norte que las otras palmeras americanas nativas. Se encuentran desde los Cayos de Florida hasta Carolina del Norte.

Este árbol también es el símbolo de Florida, pág. 15.

The tall, graceful cabbage palm is a familiar tree in the woodlands along South Carolina's ocean shores. The cabbage palm resists salty air, and it thrives in sun or shade. It can grow in forests and front yards equally well.

Cabbage palms make up the northernmost range of America's native palm trees. They are found from the Florida Keys into North Carolina.

This tree is also the symbol of Florida, p. 15.

PÍCEA BLANCA
ABETO DE BLACK HILLS

WHITE SPRUCE
BLACK HILLS SPRUCE

Nombre científico/Scientific Name: Picea glauca
Año adoptado como árbol estatal/Year Made State Tree: 1947

El árbol estatal de Dakota del Sur, aunque es un árbol común en el extremo norte del país, es escaso en Dakota del Sur. En los estados de Dakota, la pícea blanca sólo se encuentra en las Black Hills (Colinas Negras) de Dakota del Sur, donde se le llama el "Abeto de Black Hills".

Bosques de este árbol recio de hoja perenne, cubrieron alguna vez una gran parte de Dakota del Sur. Cuando la temperatura de Norteamérica aumentó hace muchos años, el área que cubría la pícea blanca amante del frío se desplazó hacia el norte. Hoy el árbol crece desde Alaska hasta Terranova y en la frontera norte de varios estados.

South Dakota's state tree, a common tree in the Far North, is scarce in South Dakota. In the Dakotas, the white spruce can be found only in the Black Hills of South Dakota, where it's called "Black Hills Spruce."

Forests of this hardy evergreen once covered much of South Dakota. When the North American climate warmed up years ago, the range of cold-loving white spruce moved north. Today the tree grows from Alaska to Newfoundland and along the northern border of several states.

ÁRBOL TULIPERO
(ÁLAMO AMARILLO)

TULIP TREE
(YELLOW POPLAR)

Nombre científico/Scientific Name: Liriodendron tulipifera
Año adoptado como árbol estatal/Year Made State Tree: 1947

El hermoso árbol tulipero, el árbol estatal de Tennessee, es fácilmente reconocido en la primavera cuando muestra vistosas flores, sus "tulipanes". Los madereros observan al árbol todo el año. Es valioso como madera contrachapada y para la construcción en general.

Algunos de los árboles tuliperos más robustos de Tennessee crecen en altitudes de casi 4,000 pies (más de 1,200 metros).

Sólo existen dos especies de árboles tuliperos. La otra se encuentra en China y en Vietnam.

Este árbol también es el símbolo de Indiana, pág. 20.

The beautiful tulip tree, Tennessee's state tree, is most easily recognized in spring when it bears showy blossoms —its "tulips." Timber people watch the tree throughout the year. It's valuable for plywood and general construction uses.

Some of Tennessee's most robust tulip trees grow at nearly 4,000 foot (over 1,200 meters) elevations.

Only two species of tulip trees exist. The second species lives in China and Vietnam.

This tree is also the symbol of Indiana, p. 20.

NOGAL PACANERO　　　　　　　　　　**PECAN**

Nombre científico/Scientific Name: Carya illinoensis
Año adoptado como árbol estatal/Year Made State Tree: 1919

El árbol estatal de Texas es preciado por sus sabrosas semillas llamadas pacanas. Pero los nogales pacaneros también producen valiosa madera y un atractivo follaje amarillo en el otoño.

El nogal pacanero crece silvestre en las cuencas de los ríos en Oklahoma, Texas y el norte de México. También se halla en el valle del río Mississippi, desde Iowa hacia el sur.

Miles de árboles de nogal pacanero son cultivados en huertos de Texas y de otros lugares con clima cálido. Un nogal pacanero adulto puede rendir 500 libras (casi 228 kilos) de nueces en un año.

Miembro de la familia de los nogales, este árbol puede alcanzar alturas de 180 pies (55 metros).

The Texas state tree is prized for its tasty nut-seeds called pecans. But pecan trees also produce valuable timber and attractive yellow foliage in fall.

The pecan grows wild in the river valleys of Oklahoma, Texas, and northern Mexico. It's also found in the Mississippi River Valley from Iowa southward.

Thousands of pecan trees are grown in orchards in Texas and elsewhere in warm climates. A mature pecan tree can yield 500 pounds (almost 228 kilograms) of nuts in a year.

A member of the hickory and walnut family, the pecan can reach heights of 180 feet (55 meters).

ABETO AZUL   BLUE SPRUCE

Nombre científico/Scientific Name: Picea pungens
Año adoptado como árbol estatal/Year Made State Tree: 1939

El abeto azul no es realmente azul, pero algunos de estos árboles perennes de montaña tienen un color azulado-verdoso.

El abeto azul crece en las alturas de las montañas de Utah, tanto en pequeñas arboledas como aisladamente.

Este árbol también es el símbolo de Colorado, pág. 12.

Utah's blue spruce is not true blue, but some of these mountain evergreens do have a blue-green tint.

The blue spruce grows high in Utah's mountains. It grows both in small groves and as scattered, individual trees.

This tree is also the symbol of Colorado, p. 12.

ARCE DE AZÚCAR   SUGAR MAPLE

Nombre científico/Scientific Name: Acer saccharum
Año adoptado como árbol estatal/Year Made State Tree: 1949

Cuando el noreste se enciende con las llamas rojas del otoño, mucha de esa "flama" se debe a las hojas del arce de azúcar. Los habitantes de Vermont aman sus arces tanto por su savia como por sus hojas, su madera y su leña.

Al "sangrar" adecuadamente la corteza del arce de azúcar, la savia puede ser recolectada sin lastimar el árbol. Los árboles se someten a "sangrías" al final del invierno, cuando su savia empieza a fluir libremente a través del árbol. La savia se procesa para obtener azúcar de arce y jarabe de arce.

Este árbol también es el símbolo de Nueva York, pág. 40; West Virginia, pág. 58; y Wisconsin, pág 59.

When the Northeast is aflame in autumn reds, much of the "flame" is in the leaves of sugar maples. Vermonters, though, love their maples for sap as well as autumn leaves, timber, and firewood.

By properly "tapping" the bark of a sugar maple, tree sap can be collected without harming the tree. Trees are tapped in late winter, when sap begins flowing freely through the tree. The sap is processed into delicious maple sugar and maple syrup.

This tree is also the symbol of New York, p. 40; West Virginia, p. 58; and Wisconsin, p. 59.

CEREZO SILVESTRE

FLOWERING DOGWOOD

Nombre científico/Scientific Name: Cornus florida
Año adoptado como árbol estatal/Year Made State Tree: 1956

Los habitantes de Virginia aman al hermoso cerezo silvestre. Es el árbol estatal de Virginia y sus flores primaverales son la flor estatal.

El cerezo silvestre crece en gran parte del este de Estados Unidos. Es además un popular árbol de ornato debido a sus flores, sus bayas rojas y sus rojizas hojas de otoño.

Los cerezos silvestres crecen como parte de la maleza, entre árboles más altos. Los cerezos silvestres tienen una vida corta y rara vez exceden 45 pies (14 metros) de altura.

Virginians love the beautiful flowering dogwood. It is Virginia's state tree, and the tree's spring blossoms are the state flower.

Flowering dogwood grows wild in much of the eastern United States. It's also a popular ornamental tree because of its spring flowers, red berries, and scarlet autumn leaves.

Wild dogwoods grow as part of the forest undergrowth, among taller trees. Dogwood are short-lived and rarely exceed 45 feet (14 meters) in height.

WASHINGTON

FALSO ABETO DEL OESTE

WESTERN HEMLOCK

Nombre científico/Scientific Name: Tsuga heterophylla
Año de adopción estatal/Year Made State Tree: 1947

Los árboles de hoja perenne crecen altos en los húmedos bosques de la costa de Washington. Uno de esos coníferos afectos a la neblina es el árbol estatal de Washington, el falso abeto del oeste.

Como otros falsos abetos, la especie del oeste tiene una corteza áspera y escamosa, y agujas chatas. Esta especie, sin embargo, es la más valiosa para la industria maderera. Es también el más alto de los abetos falsos.

El árbol estatal de Pennsylvania, el abeto falso de Canadá, es considerablemente más pequeño que su pariente del oeste.

In the moist coastal forests of Washington, the evergreens grow tall. One of those fog-loving conifers is Washington's state tree, the western hemlock.

Like other hemlocks, the western species has rough, scaly bark and flattened needles. This species, however, is the most valuable hemlock for the timber industry. It's also the tallest of hemlocks.

Pennsylvania's state tree, the eastern hemlock, is a considerably smaller species than its western relative.

ARCE DE AZÚCAR

SUGAR MAPLE

Nombre científico/Scientific Name: Acer saccharum
Año adoptado como árbol estatal/Year Made State Tree: 1949

Muchas personas piensan en el arce de azúcar como un árbol exclusivo del noreste, una región famosa por su azúcar de arce. Sin embargo, los habitantes de West Virginia saben que no es así. En West Virginia como también en el noreste y la parte norte del medio oeste es un árbol muy popular por su savia, follaje y madera.

El arce de azúcar se extiende desde Minnesota y Missouri hasta Carolina del Norte, Nueva Inglaterra y el sureste de Canadá.

Este árbol también es el símbolo de New York, pág. 40; Vermont, pág. 55; y Wisconsin, pág. 59.

Many people think of the sugar maple as a tree of the Northeast, which is famous for maple sugar. West Virginians, however, know better. The sugar maple's sap, foliage, and valuable timber have made it a popular tree in West Virginia as well as in the Northeast and upper Midwest.

Sugar maples range from Minnesota and Missouri to North Carolina, New England, and southeast Canada.

This tree is also the symbol of New York, p. 40; Vermont, p. 55; and Wisconsin, p. 59.

ARCE DE AZÚCAR   SUGAR MAPLE

Nombre científico/Scientific Name: Acer saccharum
Año adoptado como árbol estatal/Year Made State Tree: 1949

Los arces de azúcar de Wisconsin crecen a alturas de hasta 100 pies (31 metros). Árboles así de grandes tienen aproximadamente 150 años.

El arce de azúcar embellece los jardines, parques, arboledas y bosques de Wisconsin. Frecuentemente crece junto a otros tipos de árboles, pero el arce de azúcar predomina en muchos de los bosques caducifolios del Medio Oeste y del Este.

En los montes Apalaches del Este, los arces de azúcar crecen en altitudes de una milla (unos 1,600 metros).

Este árbol también es el símbolo de Nueva York, pág. 40; Vermont, pág. 55; y West Virginia, pág. 58.

Wisconsin's sugar maples grow to heights of nearly 100 feet (31 meters). Trees that large are about 150 years old.

The sugar maple graces Wisconsin yards, parks, woodlots, and forests. It often grows with other types of trees, but sugar maples dominate many of the deciduous forests of the Midwest and East.

In the Appalachian Mountains of the East, sugar maples reach elevations of one mile (about 1,600 meters).

This tree is also the symbol of New York, p. 40; Vermont, p. 55; and West Virginia, p. 58.

ÁLAMO DEL LLANO

PLAINS COTTONWOOD

Nombre científico/Scientific Name: Populus sargentii
Año de adopción estatal/Year Made State Tree: 1947

El álamo del llano, el árbol estatal de Wyoming, es similar al álamo del este, el árbol estatal de Kansas (pág. 18) y de Nebraska (pág. 27). Como en otros estados de las llanuras, los álamos que bordeaban los arroyos de Wyoming fueron lugares populares para que los pioneros se refrescaran.

El álamo del llano crece de prisa gracias a los suelos húmedos en los cuales suele darse.

En la época de los pioneros, los troncos ahuecados de álamo se utilizaban como botes sobre el río Missouri.

El álamo del llano rara vez supera los 100 pies (aproximadamente 30 metros). Los álamos de Wyoming son aun más bajos.

The plains cottonwood, Wyoming's state tree, is similar to the eastern cottonwood, the state tree of Kansas (p. 18) and Nebraska (p. 27). As in other Plains States, the cottonwoods along Wyoming streams were popular cooling-off places for pioneers.

The plains cottonwood is a fast-growing tree. Its growth is helped along by the moist soils in which it usually lives.

Hollowed-out cottonwood trunks were used as boats on the Missouri River in pioneer days.

The plains cottonwood rarely tops 100 feet (about 30 meters). Wyoming's tallest cottonwoods are even shorter.

Index

Índice